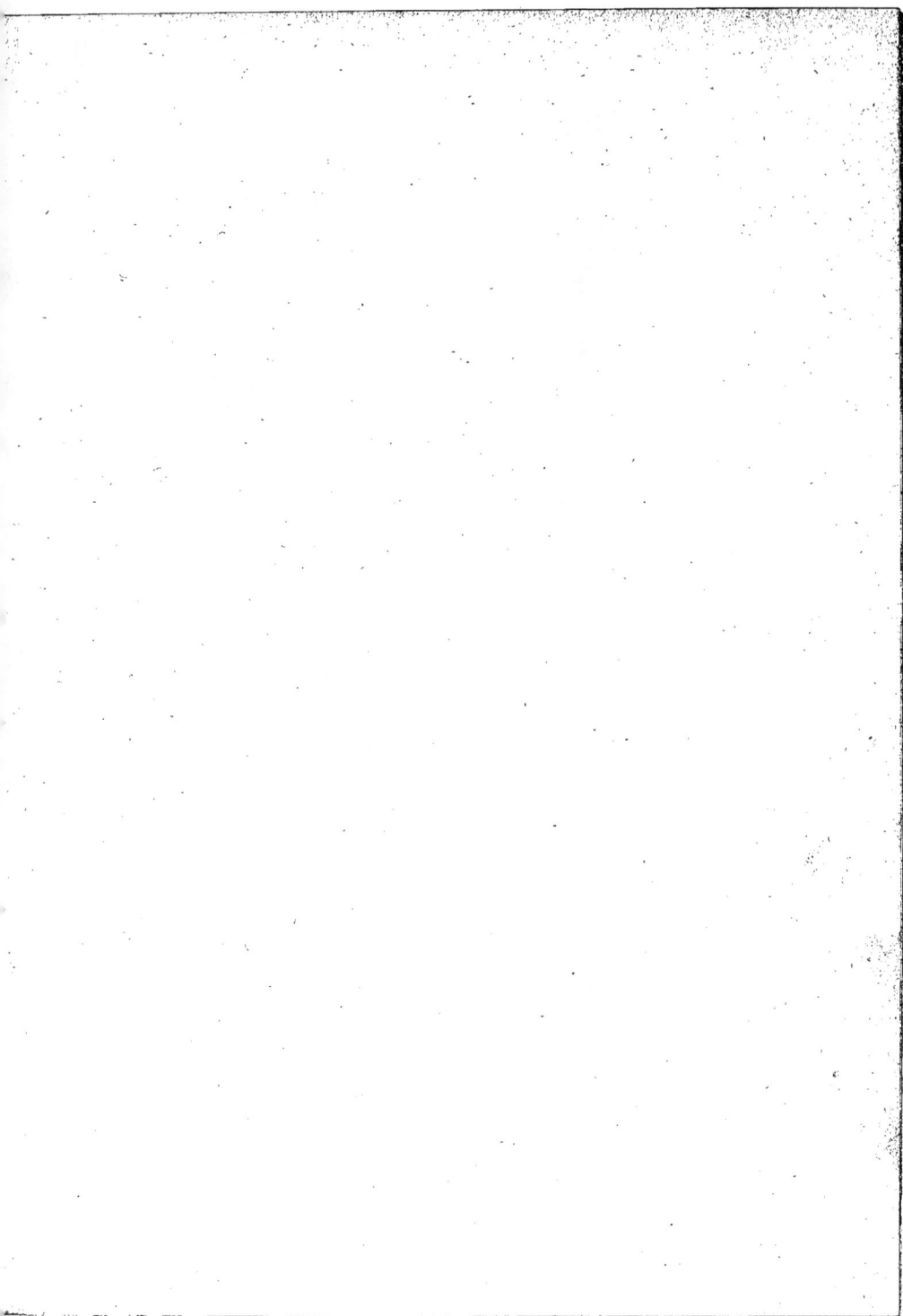

A. M.r le Ch.r Poisson
De la part de L'Auteur.

OBSERVATIONS ASTRONOMIQUES

FAITES A L'OBSERVATOIRE

DE L'ACADÉMIE ROYALE DES SCIENCES

PAR M. PLANA,

ASTRONOME ROYAL.

Lu dans la séance du 19 décembre 1817.

Le Mémoire, que j'ai l'honneur de présenter en ce moment à l'Académie, contient les résultats de plusieurs observations que j'ai faites depuis l'année 1812 jusqu'à cette
époque. Il est composé de trois parties absolument dis-
tinctes, sur chacune desquelles je crois convenable de vous
donner une courte notice propre à en faire connaître
l'objet.

Dans la première partie j'ai réuni les distances méridiennes du Soleil au zénith observées près des solstices. La
hauteur du pôle étant bien déterminée par les observations
de l'étoile polaire, que j'ai déja publiées dans le volume
précédent, il m'a été facile de conclure de-là les déclinaisons du Soleil, et par suite, à l'aide de quelques
réductions bien connues, l'obliquité moyenne du plan de

l'écliptique, ce qui constitue le dernier et le plus important résultat qu'on puisse tirer de ces observations.

Les solstices d'hiver m'ont constamment donné une obliquité plus faible que ceux d'été : toutefois la différence n'est pas fort considérable; car les deux moyennes de cinq solstices d'été, et de quatre solstices d'hiver ne diffèrent que de $3'',60$. M. *Oriani* trouve cette même différence de $2'',57$, ainsi qu'on peut le voir dans un de ses Mémoires insérés dans les Éphémérides de Milan pour l'année 1816, où cet Astronome célèbre a fait précéder les résultats de ses observations d'un précieux précis historique sur cette anomalie, par lequel on voit qu'elle s'est atténuée à mesure que les instrumens, les méthodes d'observer et le calcul des réductions se sont perfectionnés. Peut-être sommes-nous à cet égard parvenus bien près du dernier terme ? car il est difficile d'imaginer, pour mesurer les distances au zénith, un instrument plus parfait d'un cercle répétiteur de $3.^{pi}$ de diamètre, tel que les construit M. *Reichenbach.* Mais, si cela est, d'où vient la petite différence encore existante, et toujours dans le même sens, entre l'obliquité estive et hiémale ? Mon dessein n'est pas d'exposer ici tout ce que l'on a déja publié sur cette matière : ceux qui desirent en avoir une connaissance assez complète, n'ont qu'à lire un Mémoire du célèbre Astronome M. le Baron de Zach, imprimé dans son Journal (*Monatliche Correspondez, février* 1813). Quant à moi, je me bornerai à dire qu'il paraît certain qu'aucune explication donnée jusqu'ici n'est à l'abri de toute réplique. Car ce n'est pas tout de modifier les tables de réfraction de manière à accorder les deux solstices; il faut encore que cette même table n'offre pas, dans des observations d'un autre genre, des différences incompatibles.

Les Astronomes s'accordent cependant assez généralement à ne considérer cette différence des deux obliquités que comme une pure apparence : effectivement elle ne peut être que telle, soit qu'on veuille l'attribuer au défaut des instrumens, soit qu'on veuille en rejeter la cause sur l'imperfection de la formule de la réfraction.

Mais M. Legendre, dans sa sixième partie des *Exercices de calcul intégral* (pag. 365), a rendue probable une cause de cette anomalie d'une toute autre nature, suivant laquelle la différence observée aurait une réalité absolue, et fournirait par-là une preuve frappante de la perfection des instrumens et des tables de réfraction, du moins jusqu'à cette distance du zénith. Cet illustre Géomètre suppose, dans l'axe de la Terre, une petite nutation produite par des forces existantes dans son intérieur, et absolument différentes de celles qui produisent la nutation luni-solaire. Il calcule en conséquence l'effet de cette nutation sur la hauteur du pôle, et trouve que celle-ci doit varier avec une période peu différente de celle qui sépare les deux solstices d'une même année. Si cette singulière nutation de la ligne des pôles de la Terre existe réellement, on ne peut la croire éternelle, qu'en supposant éternellement active la cause qui la produit. Car, sans cela, les fluïdes qui en recouvrent la surface anéantiraient à la longue ce mouvement par leur frottement et leur résistance. C'est ainsi que, d'après les profondes considérations de M. Laplace sur le systême du monde, ont dû à la fin cesser les oscillations primitives de l'axe de la Terre. (V. *Systême du monde*, 4.ᵉ édition, pag. 440.)

Quoiqu'il en soit de cette hypothèse, comme elle porte sur une quantité dont les variations sont très-petites, il ne peut être permis qu'aux Astronomes munis de grands cercles de la dernière perfection, de la soumettre à l'épreuve des observations. Bientôt l'Observatoire Royal possédera un des plus beaux cercles méridiens de 3.ᵖⁱ de diamètre qui aient été exécutés par le célèbre artiste de Munich, M. le Ch.ʳ *Reichenbach*, et ce n'est qu'alors que nous pourrons espérer de faire concourir nos observations avec celles des autres Astronomes pour l'éclaircissement de ce point délicat de la théorie de notre planète.

En attendant, je suis bien aise de saisir ici cette occasion pour rendre publiquement hommage à la munificence de notre Auguste Souverain, auquel l'Observatoire sera redevable de cet instrument, ainsi que d'autres non moins parfaits déjà ordonnés. Rien n'honore davantage la mémoire des Rois que de pareilles marques durables de leur intérêt pour la conservation et les progrès des sciences. L'histoire qui en consacre les noms, n'a jamais oublié de mêler au récit de leurs actions éclatantes celles qui sont , comme celle-ci., un effet immédiat de la protection qu'ils ont accordée aux sciences et aux lettres.

Je passe maintenant à la seconde partie de ce Mémoire qui contient une suite d'occultations d'étoiles derrière la Lune. J'ai d'abord rapporté les observations originales avec des remarques qui tiennent aux circonstances du moment dans lequel elles ont été faites ; j'ai ensuite réduit dans un cadre étroit le résultat de ces observations , où l'on trouve les instans des immersions et émersions marquées en tems solaire moyen. Les Astronomes jugeront de la bonté de la pendule qui nous a servi pendant ces observations par la table qui termine cette partie, où j'ai réuni pour plusieurs mois des années 1814 et 1815 le midi vrai observé à l'instrument des passages , avec la variation diurne de la pendule.

Enfin je donne dans la troisième et dernière partie les observations et les calculs de l'opposition de Jupiter de l'année 1814 déduite des comparaisons de la planète avec une belle étoile de la constellation du lion.

DISTANCES méridiennes du Soleil au zénith, observées près des solstices des années 1812, 1813, 1814, 1815, 1816, 1817; et

Obliquité moyenne de l'écliptique, déduite de ces observations pour le commencement de 1818.

Le Mémoire sur la latitude et la longitude de l'observatoire de l'Académie Royale, que j'ai publié dans le volume précédent, contient une courte description du même cercle répétiteur avec lequel ces observations ont été faites : ainsi, sur ce point, je n'ajouterai rien à ce que j'ai déja écrit, et je me contenterai de rappeler ici, en considération de ceux qui n'auraient point lu le Mémoire cité, que cet instrument, construit à Paris par M. Fortin, a dix-huit pouces de diamètre, et qu'il est à niveau fixe.

Les tableaux qui suivent présentent les observations originales avec toutes les réductions nécessaires pour en conclure la distance vraie du centre du Soleil au zénith. La réfraction, qui dans ces réductions est le seul élément un peu douteux, a été calculée d'après les tables de M. Carlini, publiées dans les Ephémérides de Milan. Ces tables, pour les solstices d'été, ne diffèrent pas sensiblement des tables françaises; mais pour les solstices d'hiver c'est-à-dire vers 68.° de distance zénitale, la différence

peut monter à près d'une seconde. Nous avons cru néan-
moins devoir préférer le résultat fourni par les tables de
M. Carlini, également fondées sur la théorie de M.
Laplace, mais avec des coëfficiens convenablement mo-
difiés, pour mieux représenter l'ensemble des observations
astronomiques faites dans notre climat, ainsi que cela est
démontré par les observations de M. Oriani.

Je dois avertir, qu'en calculant la réfraction près des
solstices d'hiver, j'ai eu l'attention d'avoir égard à la
très-petite partie provenante de la variation de la réfraction, et qu'en conséquence on doit attribuer à cette cause
la différence que l'on appercevrait dans les parties déci-
males de la seconde, en refaisant le calcul de la réfraction diminuée de la parallaxe.

La construction fautive de l'observatoire m'a forcé de
placer le cercle dans l'ouverture d'une porte de la salle,
où la température est toujours sensiblement la même que
celle de l'air extérieur. Le mercure du baromètre, placé
à côté de l'instrument, se trouvait sous l'influence de cette
même température, et j'étais par-là dispensé d'en marquer
d'autres, ainsi qu'il est essentiel de le pratiquer dans
d'autres circonstances.

A l'instant correspondant à chaque observation je faisais
marquer les nombres qu'on lisait sur le niveau aux deux
extrémités de la bulle, de manière que le nombre placé
à l'extrémité tournée vers le nord était toujours écrit sous
la lettre N, et le nombre placé à l'extrémité tournée vers

le sud était toujours écrit sous la lettre S. De-là en faisant, à la fin de chaque série, la somme respective de
ces nombres, on a trouvé ceux qui sont rapportés dans
la troisième colonne de ces tableaux. La moitié de la différence des nombres qui se correspondent horizontalement
dans cette colonne, étant multipliée par le nombre constant $1''{,}5542$, donne, pour chaque jour d'observation,
la correction que l'on doit appliquer à l'arc parcouru pour
tenir compte des petites déviations auxquelles est sujet
l'axe vertical du cercle qui porte le niveau fixe. Au reste,
cette correction sera additive ou soustractive, suivant que
l'on aura $S >$ ou $< N$.

La pendule qui a servi pour marquer les instans des
observations, était réglée sur le tems sidéral : on a eu
égard à cette circonstance, en employant, pour calculer
la réduction au méridien, la formule suivante :

$$\frac{\cos D \cdot \sin B}{\sin z} \times \frac{86400 - r}{86400 + r} \cdot \frac{2\sin^2 \frac{1}{2}P}{\sin 1''} \, ;$$

dans laquelle,

    $D =$ Déclinaison du Soleil ;

    $B =$ Complément de la latitude $= 44.°\,55.'\,59.''8$;

    $Z =$ Distance méridienne du $\odot$ au zénith ;

    $P =$ Angle horaire en tems de la pendule ;

$86400 + r =$ Nombre de secondes battues par la pendule
                 pendant un jour solaire vrai.

On a des tables qui donnent immédiatement la valeur
du facteur $\frac{2\sin^2\frac{1}{2}P}{\sin 1''}$; ainsi il n'y a qu'à préparer pour

chaque jour le logarithme de l'autre facteur, ce qui est très-facile.

Vers les solstices d'été nous avons eu soin de calculer aussi le second terme de cette réduction toutes les fois que les angles horaires étaient assez considérables, pour qu'il ne fût pas permis de le négliger. Du reste, les cas qui ont exigé le calcul de cette petite correction, ont été fort rares.

Les autres colonnes de ces tableaux sont suffisamment expliquées par le titre même sous lequel elles sont désignées.

On doit encore rappeler ici que les déclinaisons du Soleil ont été conclues en supposant la latitude de notre observatoire égale à $45.^\circ 4.' 0'',2$, telle que nous l'avons trouvée d'après les observations de l'étoile polaire, rapportées dans notre Mémoire déja cité.

DISTANCES méridiennes du Soleil au zénith, observées près du solstice d'été de l'année 1812.

1812. Jours du mois.	Arc parcouru.	Somme des parties du niveau. N.	S.	Correction du niveau.	Nombre des observat. obtenu	Distance moyenne du zénith observée.	Baromètre.	Thermom. centigrade.	Réfraction moins parallaxe. +	Réduction au méridien	Variation de la déclinais.	Distance vraie du centre du soleil au zénith.
Juin 12	340,7191 g	1095	1124	—0,0022	14	21°.54'.11,5"	0,7405 m	+22,0	18,6	48,7	+0,2	21°.53'.41,6"
13	339,8158	957	1125	—0,0130	14	21.50.39,8	0,7423	+24,0	18,8	54,1	+0,3	21.50. 4,8
14	387,3794	1126	1274	—0,0115	16	21.47.22,2	0,7442	+24,0	18,8	45,2	0,0	21.46.55,8
19	384,5625	1199	1325	—0,0098	16	21.37.52,0	0,7400	+21,5	18,6	53,6	0,0	21.37.17,0
25	240,6600	776	777	0,0000	10	21.39.33,8	0,7440	+23,0	18,6	31,1	+0,1	21.39.21,4
26	192,9962	498	918	—0,0336	8	21.42.30,3	0,7436	+23,0	18,7	102,0	—0,3	21.41. 6,7
27	386,2531	1306	1195	+0,0085	16	21.43.37,8	0,7385	+23,0	18,6	41,1	0,0	21.43.15,3
28	435,4300	1414	1438	—0,0019	18	21.46.17,1	0,7325	+23,0	18,5	40,6	0,0	21.45.55,0
29	339,3875	1030	1206	—0,0137	14	21.49. 0,8	0,7395	+22,9	18,7	25,7	0,0	21.48.53,8
30	340,2862	917	1201	—0,0221	14	21.52.26,8	0,7425	+22,0	19,0	26,5	—0,1	21.52.19,2
Juillet 1	438,9200	1494	1211	+0,0219	18	21.56.49,5	0,7414	+23,0	18,9	55,2	0,0	21.56.13,2
3	392,7031	1166	1320	—0,0135	16	22. 5.19,7	0,7292	+22,0	18,6	34,3	0,0	22. 5. 4,0

DISTANCES méridiennes du Soleil au zénith, observées près du solstice d'hiver de l'année 1812.

1812 Jours du mois.	Arc parcouru.	Somme des parties du niveau. N.	s.	Correction du niveau.	Nombre des observat.	Distance moyenne du zénith observée.	Baromètre.	Thermom. centigrade.	Réfraction moins parallaxe +	Réduction au méridien	Variation de la déclinais.	Distance vraie du centre du soleil au zénith.
D.bre 18	760,7305	1002	1382	−0,0295	10	68. 27. 47,2	0,7255	−4,0	2. 20,5	1. 15,9	−0,4	68. 28. 51,4
23	1522,4050	2040	2407	−0,0284	20	68. 30. 24,8	0,7520	+1,0	2. 23,3	1. 45,0	0,0	68. 31. 3,1
27	759,8087	1171	1122	+0,0039	10	68. 22. 59,3	0,7450	+6,5	2. 17,7	0. 56,4	−0,7	68. 24. 19,9
28	1518,6168	2317	2254	+0,0048	20	68. 20. 16,4	0,7485	+5,5	2. 18,5	1. 6,0	0,2	68. 21. 28,7
30	1516,0380	2223	2178	+0,0034	20	68. 13. 18,5	0,7457	+7,0	2. 16,5	1. 6,9	−0,1	68. 14. 28,0

DISTANCES méridiennes du Soleil au zénith, observées près du solstice d'hiver de l'année 1813.

1813 Jours du mois.	Arc parcouru.	Somme des parties du niveau. N. S.	Correction du niveau.	Nombre des observat.	Distance moyenne du zénith observée.	Baromètre	Thermom. centigrade	Réfraction moins parallaxe +	Réduction au méridien	Variation de la déclinais.	Distance vraie du centre du soleil au zénith
D.bre 17	2282,0430	3091 3686	+ 0,0003	30	68. 27. 40,7	0,7345	+ 7,0	2. 16,53.	37,5 —	— 0,4	68. 26. 29,3
18	1522,2205	2136 1943	+ 0,0152	20	68. 30. 2,2	0,7315	+ 7,5	2. 14,93.	51,9 +	+ 0,3	68. 28. 25,5
20	3355,5772	4598 4567	— 0,0029	44	68. 38. 12,3	0,7285	+ 7,5	2. 16,89.	37,4	0,0	68. 31. 1,7
21	3199,6273	4252 4154	+ 0,0076	42	68. 33. 49,0	0,7307	+ 7,5	2. 16,24.	31,9	0,0	68. 31. 33,3
22	2284,8525	3166 3099	+ 0,0051	30	68. 32. 44,5	0,7345	+ 6,5	2. 17,23.	21,1	0,0	68. 31. 40,6
24	1826,5930	2484 2456	+ 0,0022	24	68. 29. 50,3	0,7395	+ 7,0	2. 17,6 1.	44,9	0,0	68. 30. 23,0
25	1826,2912	2480 2451	+ 0,0023	24	68. 29. 9,6	0,7455	+ 7,5	2. 18,32.	25,0 +	+ 0,4	68. 29. 2,9
27	1520,2355	2044 2037	+ 0,0004	20	68. 24. 38,2	0,7453	+ 7,0	2. 18,11.	54,2 +	+ 0,1	68. 25. 2,1
28	1518,9593	2157 1991	+ 0,0129	20	68. 21. 13,5	0,7450	+ 7,3	2. 16,6 1.	12,9 +	+ 0,1	68. 22. 17,3
29	2277,9093	3263 3147	+ 0,0090	30	68. 20. 15,2	0,7483	+ 5,2	2. 19,13.	28,0 +	+ 0,4	68. 19. 6,7
30	1516,8330	2220 2034	+ 0,0144	20	68. 15. 29,3	0,7482	+ 6,0	2. 18,0 2.	19,6 —	— 1,0	68. 15. 26,7

DISTANCES méridiennes du Soleil au zénith, observées près du solstice d'été de l'année 1814.

1814 Jours du mois.	Arc parcouru.	Somme des parties du niveau. N.	S.	Correction du niveau.	Nombre des observat.	Distance moyenne du zénith observée.	Baromètre	Thermom. centigrade	Réfraction moins parallaxe +	Réduction au méridien	Variation de la déclinais.	Distance vraie du centre du soleil au zénith.
Jun 18	482,5633	1407	1449	— 0,0032	20	21. 42. 45,0	0,7412	+ 25,5	18,4	4. 23,2	— 0,1	21. 39. 1,1
19	482,1043	1356	1475	— 0,0091	20	21. 41. 39,4	0,7398	+ 25,5	18,2	4. 14,6	0,0	21. 37. 43,0
20	481,8200	1442	1532	— 0,0070	20	21. 40. 53,8	0,7346	+ 24,7	18,1	4. 25,3	0,0	21. 36. 46,6
21	481,3787	1471	1440	+ 0,0023	20	21. 39. 43,6	0,7347	+ 25,5	18,1	3. 42,5	0,0	21. 36. 19,2
22	482,1868	1701	1637	— 0,0028	20	21. 41. 53,9	0,7386	+ 23,3	18,3	5. 58,9	0,0	21. 36. 13,3
23	481,7393	1611	1715	— 0,0003	20	21. 40. 41,5	0,7399	+ 20,2	18,7	4. 23,6	0,0	21. 36. 36,6
25	240,6837	847	791	+ 0,0043	10	21. 39. 42,8	0,7420	+ 21,5	18,6	1. 28,6	— 0,2	21. 38. 32,6

3

DISTANCES méridiennes du Soleil au zénith, observées près du solstice d'hiver de l'année 1814.

1814 Jours du mois	Arc parcouru.	Somme des parties du niveau. N.	S.	Correction du niveau.	Nombre des observat.	Distance moyenne du zénith observée.	Baromètre.	Thermom. centigrade.	Réfraction moins parallaxe +	Réduction au méridien.	Variation de la déclinais.	Distance vraie du centre du soleil au zénith.
D.bre 17	1520,5431	1894	1997	+ 0,0081	20	68. 25. 29,3	0,7487	+ 11,0	2. 16,0	1. 45,2	— 0,0	68. 26. 0,1
18	1520,9818	2048	2041	— 0,0004	20	68. 26. 39,1	0,7510	+ 9,3	2. 17,4	0. 51,2	+ 0,3	68. 28. 5,6
19	1521,5693	1991	2054	+ 0,0048	20	68. 28. 14,9	0,7493	+ 7,6	2. 18,3	0. 48,9	+ 0,4	68. 29. 44,7
20	1521,9475	2101	2103	+ 0,0001	20	68. 29. 15,5	0,7470	+ 7,0	2. 18,2	0. 46,3	+ 0,2	68. 30. 47,6
27	1520,1000	2118	2080	— 0,0030	20	68. 24. 15,7	0,7330	+ 3,5	2. 17,0	0. 52,7	+ 0,1	68. 25. 40,1
30	758,4800	1078	1079	0,0000	10	68. 15. 47,5	0,7392	+ 4,3	2. 16,8	1. 39,2	+ 1,2	68. 16. 26,3
31	1515,1505	2157	2167	+ 0,0008	20	68. 10. 54,5	0,7383	+ 3,0	2. 16,6	0. 48,1	— 0,7	68. 12. 22,3

DISTANCES méridiennes du Soleil au zénith , observées près du solstice d'été de l'année 1815.

1815 Jours du mois.	Arc parcouru	Somme des parties du niveau. N.	S.	Correction du niveau.	Nombre des observat.	Distance moyenne du zénith observée.	Baromètre	Thermom. centigrade	Réfraction moins parallaxe +	Réduction au méridien -	Variation de la déclinais.	Distance vraie du centre du soleil au zénith
Juin 18	241,3237	805	726	+ 0,0061	10	21. 43. 10,9	0,7372	+23,5	18,3	4. 10,3	— 0,5	21. 39. 18,5
19	434,6937	1416	1411	+ 0,0005	18	21. 44. 4,9	0,7390	+23,0	18,8	6. 28,2	— 0,5	21. 37. 55,0
21	481,6518	1555	1564	— 0,0006	20	21. 40. 27,5	0,7354	+22,9	18,2	4. 24,8	0,0	21. 36. 20,9
23	481,6280	1508	1400	+ 0,0082	20	21. 40. 25,0	0,7382	+24,8	18,1	4. 13,2	0,0	21. 36. 29,9
24	482,0826	1519	1453	+ 0,0051	20	21. 41. 38,2	0,7383	+24,4	18,2	4. 47,4	0,0	21. 37. 9,0
25	481,9237	1462	1447	+ 0,0012	20	21. 41. 11,9	0,7375	+24,5	18,2	3. 17,7	+ 0,2	21. 38. 12,6
26	337,2037	1057	1058	0,0000	14	21. 40. 38,6	0,7352	+24,5	18,1	1. 16,8	+ 0,4	21. 39. 40,3
27	241,3437	760	689	+ 0,0054	10	21. 43. 17,0	0,7386	+22,5	18,3	1. 58,5	— 0,5	21. 41. 36,3

DISTANCES méridiennes du Soleil au zénith, observées près du solstice a niv., de l'année 1815.

1815 Jours du mois.	Arc parcouru.	Somme des parties du niveau. N.	S.	Correction du niveau.	Nombre des observat.	Distance moyenne du zénith observée.	Baromètre	Thermom. centigrade	Réfraction moins parallaxe	Réduction au méridien	Variation de la déclinais.	Distance vraie du centre du soleil au zénith
	g			g		° ′ ″	m	°	′ ″	′ ″	″	° ′ ″
D.bre 2	892,7231	1496	1099	+ 0,0309	12	66. 57. 23,4	0,7500	+ 3,0	2. 10,9	1. 57,6	+ 0,6	66. 57. 37,3
4	747,2400	1311	849	+ 0,0359	10	67. 15. 17,6	0,7410	+ 4,0	2. 10,4	2. 22,1	+ 3,3	67. 15. 9,2
7	1502,6931	2702	1553	+ 0,0892	20	67. 37. 30,7	0,7220	+ 4,5/	2. 9,5	1. 34,8	+ 0,5	67. 38. 5,9
9	1206,2238	1952	1699	+ 0,0197	16	67. 51. 4,3	0,7302	+ 3,2	2. 13,1	2. 8,0	— 1,4	67. 51. 8,0
10	452,8781	676	659	+ 0,0013	6	67. 55. 54,8	0,7375	+ 3,0	2. 14,7	1. 6,3	— 1,5	67. 57. 1,5
11	1209,3437	1713	1804	— 0,0071	16	68. 1. 30,7	0,7436	+ 2,5	2. 17,1	1. 19,8	— 1,7	68. 2. 27,5
12	1513,7993	2116	2269	— 0,0119	20	68. 7. 13,4	0,7431	+ 2,0	2. 17,5	2. 1,7	— 2,1	68. 7. 27,1
18	1521,3856	2088	2309	— 0,0172	20	68. 27. 41,8	0,7316	— 1,8	2. 21,1	2. 22,8	+ 0,4	68. 27. 40,5
20	1674,3606	2367	2586	— 0,0169	22	68. 29. 45,2	0,7400	— 2,0	2. 22,2	1. 30,3	+ 0,1	68. 30. 37,2
21	1370,1956	2218	2025	+ 0,0149	18	68. 30. 37,8	0,7416	— 2,0	2. 22,9	1. 35,8	+ 0,1	68. 31. 25,0
22	1522,5337	2159	2494	— 0,0260	20	68. 30. 46,2	0,7385	— 2,5	2. 22,2	1. 27,5	+ 0,3	68. 31. 41,2
24	1674,4162	2068	2533	— 0,0360	22	68. 29. 50,3	0,7383	+ 1,0	2. 20,4	1. 13,3	+ 0,4	68. 30. 57,6
26	1521,2181	2168	2315	— 0,0114	20	68. 27. 15,5	0,7368	0,0	2. 20,4	1. 18,1	+ 0,1	68. 28. 17,9
28	1519,4731	2239	2293	— 0,0120	20	68. 22. 32,7	0,7402	0,0	2. 20,2	1. 8,2	— 0,3	68. 23. 44,4
29	1518,3938	2002	2474	— 0,0366	20	68. 19. 34,0	0,7467	0,0	2. 21,2	1. 10,5	— 0,2	68. 20. 44,5

Distances méridiennes du Soleil au zénith ; observées près du solstice d'été de l'année 1816.

1816 Jours du mois.	Arc parcouru.	Somme des parties du niveau. N. S.	Correction du niveau.	Nombre des observat.	Distance moyenne du zénith observée.	Baromètre	Thermom. centigrade	Refraction moins parallaxe +	Réduction au méridien	Variation de la déclinais.	Distance vraie du centre du soleil au zénith
	g		g		o ′ ″	m	o	″	′ ″	″	o ′ ″
Juin 19	485,6812	1527 1575	— 0,0037	20	21. 51. 19,7	0,7366	+ 22,8	18,7	14.35,9	— 0,8	21. 37. 1,7
20	481,9780	1289 1506	— 0,0167	20	21. 41. 17,7	0,7372	+ 24,0	18,4	5.11,9	0,0	21. 36. 24,2
21	192,3075	653 598	+ 0,0042	8	21. 38. 6,2	0,7376	+ 24,0	18,4	2.15,6	0,0	21. 36. 9,0
22	288,6325	956 762	+ 0,0149	12	21. 38. 54,8	0,7393	+ 24,5	18,9	2.50,9	0,0	21. 36. 22,8
23	240,1437	770 675	+ 0,0073	10	21. 36. 49,0	0,7397	+ 25,3	18,4	0.14,4	0,0	21. 36. 53,0
24	336,9625	1179 938	+ 0,0186	14	21. 39. 47,2	0,7358	+ 25,5	18,3	2.11,2	— 0,2	21. 37. 54,1
25	482,1775	1523 1355	+ 0,0128	20	21. 41. 54,8	0,7340	+ 25,0	18,4	2.58,9	+ 0,7	21. 39. 15,0
26	483,7512	1705 1431	+ 0,0213	20	21. 46. 10,9	0,7377	+ 23,5	18,6	5.39,2	+ 1,1	21. 41. 1,6
28	484,8418	1438 1592	— 0,0119	20	21. 49. 2,4	0,7347	+ 23,0	18,6	3.28,7	+ 0,4	21. 45. 52,7
29	486,0405	1452 1616	— 0,0125	20	21. 52. 16,7	0,7378	+ 23,5	18,7	3.40,9	+ 1,8	21. 48. 56,3
30	486,5868	1358 1487	— 0,0099	20	21. 53. 45,4	0,7378	+ 25,0	18,7	1.42,2	+ 0,6	21. 52. 22,5
Juillet 4	345,2262	1148 1040	+ 0,0084	14	22. 11. 37,3	0,7387	+ 23,0	19,2	1.48,2	0,0	22. 10. 8,3

DISTANCES *méridiennes du Soleil au zénith, observées près du solstice d'été de l'année 1817.*

1817. Jours du mois.	Arc parcouru.	Somme des parties du niveau. N.	S.	Correction du niveau.	Nombre des observat.	Distance moyenne du zénith observée.	Baromètre.	Thermom. centigrade.	Réfraction moins parallaxe +	Réduction au méridien.	Variation de la déclinais.	Distance vraie du centre du soleil au zénith.
	g			g		° ′ ″	m	°	″	″	″	° ′ ″
Juin 6	249,3450	772	718	+ 0,0042	10	22. 26. 29,2	0,7440	+ 24,0	19,2	2. 1,5	— 1,0	22. 24. 45,9
7	447,1743	1123	1354	— 0,0101	18	22. 21. 29,5	0,7450	+ 26,0	19,0	3. 9,8	+ 0,2	22. 18. 38,9
9	245,8662	680	702	— 0,0017	10	22. 7. 40,1	0,7460	+ 26,0	18,7	0. 16,0	0,0	22. 7. 42,2
10	246,3212	792	695	+ 0,0074	10	22. 10. 10,6	0,7441	+ 26,3	18,6	7. 38,8	— 1,1	22. 2. 49,3
12	243,5750	537	783	— 0,0191	10	21. 55. 12,4	0,7427	+ 26,5	18,5	1. 13,3	— 0,1	21. 54. 17,5
13	194,6612	600	548	+ 0,0042	8	21. 53. 59,6	0,7423	+ 27,5	18,3	3. 39,9	— 1,0	21. 50. 37,0
28	193,3318	645	601	+ 0,0034	8	21. 45. 0,7	0,7350	+ 25,0	18,2	0. 10,1	— 0,1	21. 45. 8,7
29	242,2787	690	783	— 0,0071	10	21. 48. 16,0	0,7416	+ 26,4	18,2	0. 29,2	+ 0,3	21. 48. 5,3
30	388,7793	1094	1219	— 0,0096	16	21. 52. 5,9	0,7400	+ 27,0	18,3	0. 58,3	+ 0,3	21. 51. 26,2
Juillet 1	341,0762	1136	992	+ 0,0112	14	21. 55. 37,6	0,7397	+ 26,7	18,4	0. 46,7	+ 0,6	21. 55. 9,9
2	293,1993	830	810	+ 0,0015	12	21. 59. 24,4	0,7413	+ 28,5	18,4	0. 23,7	0,0	21. 59. 19,1
3	196,3447	662	454	+ 0,0161	8	22. 5. 26,2	0,7436	+ 28,5	18,5	1. 52,6	— 0,4	22. 3. 51,7
4	196,9062	568	536	+ 0,0025	8	22. 9. 7,2	0,7400	+ 29,2	18,5	0. 39,2	+ 0,6	22. 8. 47,1

Solstice d'été 1812.

1812 Jours.	Déclinaison du soleil observée.	Correction due à la latitude du soleil.	Réduction au solstice. +	Obliquité apparente.
Juin 12	23. 10. 18,6	0,0	17. 21,0	23. 27. 39,6
13	23. 13. 55,4	0,0	13. 46,0	27. 41,4
14	23. 17. 4,4	— 0,2	10. 36,0	27. 40,2
19	23. 26. 43,2	— 0,9	0. 58,0	27. 40,3
25	23. 24. 38,8	— 1,0	3. 2,0	27. 39,8
26	23. 22. 53,5	— 0,7	4. 49,0	27. 41,8
27	23. 20. 44,9	— 0,5	7. 1,0	27. 45,4
28	23. 18. 5,2	— 0,4	9. 37,3	27. 42,1
29	23. 15. 6,4	— 0,2	12. 38,5	27. 44,7
30	23. 11. 41,0	0,0	16. 4,0	27. 45,0
Julilet 1	23. 7. 47,0	0,0	19. 54,0	27. 41,0
3	22. 58. 56,2	+ 0,3	28. 46,0	27. 42,5
			Moyenne . . .	23. 27. 41,98

Solstice d'hiver 1812.

1812				
D.bre 18	23. 24. 51,2	— 0,7	2. 49,0	23. 27. 39,5
23	23. 27. 2,9	— 0,1	6. 33,8	27. 36,6
27	23. 20. 19,7	+ 0,4	7. 15,1	27. 35,2
28	23. 17. 28,5	+ 0,4	10. 7,0	27. 35,9
30	23. 10. 27,8	+ 0,4	17. 12,5	27. 40,7
			Moyenne . . ,	23. 27. 37,58

Solstice d'hiver 1813.

1813 Jours.	Déclinaison du soleil observée.	Correction due à la latitude du soleil.	Réduction au solstice. +	Obliquité apparente.
D.bre 17	23. 22. 29,1	+ 0,3	5. 12,7	23. 27. 42,1
18	23. 24. 25,3	+ 0,3	3. 13,9	27. 39,5
20	23. 27. 1,5	+ 0,2	0. 40,9	27. 42,6
21	23. 27. 33,1	+ 0,1	0. 6,9	27. 40,1
22	23. 27. 40,4	0,0	0. 1,3	27. 41,7
24	23. 26. 22,8	— 0,3	1. 15,0	27. 37,5
25	23. 25. 2,7	— 0,4	2. 34,5	27. 36,8
27	23. 21. 1,9	— 0,7	6. 38,3	27. 39,5
28	23. 18. 17,1	— 0,8	9. 22,5	27. 38,8
29	23. 15. 6,5	— 0,9	12. 35,0	27. 40,6
30	23. 11. 26,5	— 1,0	16. 15,4	27. 40,9
			Moyenne . . .	23. 27. 40,01

Solstice d'été 1814.

1814				
Juin 18	23. 24. 59,1	+ 0,2	2. 45,8	23. 27. 45,1
19	23. 26. 17,2	+ 0,1	1. 27,4	27. 44,7
20	23. 27. 13,6	— 0,1	0. 33,9	27. 47,4
21	23. 27. 41,0	— 0,2	0. 5,3	27. 46,1
22	23. 27. 46,9	— 0,4	0. 1,5	27. 48,0
23	23. 27. 23,6	— 0,5	0. 22,5	27. 45,6
25	23. 25. 27,6	— 0,7	2. 18,6	27. 45,5
			Moyenne . . .	23. 27. 46,06

Solstice d'hiver. 1814.

1814. Jours.	Déclinaison du soleil observée.	Correction due à la latitude du soleil.	Réduction au solstice.	Obliquité apparente.
D.bre 17	23. 21. 59,9	+ 0,4	5. 44,3	23. 27. 44,6
8	23. 24. 5,4	+ 0,5	3. 39,0	27. 44,9
19	23. 25. 44,5	+ 0,5	2. 1,8	27. 46,8
20	23. 26. 47,4	+ 0,6	0. 52,9	27. 40,9
27	23. 21. 39,9	— 0,1	6. 3,2	27. 43,0
30	23. 12. 26,1	— 0,6	15. 19,2	27. 44,7
31	23. 8. 22,1	— 0,6	19. 20,5	27. 42,0
			Moyenne. . .	23. 27. 43,84

Solstice d'été 1815.

1815				
Juin 18	23. 24. 41,7	— 0,4	3. 8,6	23. 27. 49,9
19	23. 26. 5,2	— 0,3	1. 43,9	27. 48,8
21	23. 27. 39,3	0,0	0. 10,1	27. 49,4
23	23. 27. 30,3	+ 0,3	0. 15,0	27. 45,6
24	23. 26. 51,2	+ 0,4	0. 54,5	27. 46,1
25	23. 25. 47,6	+ 0,6	1. 58,7	27. 46,9
26	23. 24. 19,9	+ 0,7	3. 28,4	27. 49,0
27	23. 22. 23,9	+ 0,8	5. 22,0	27. 46,7
			Moyenne. . .	23. 27. 47,80

4.

Solstice d'hiver 1815.

1815 Jours.	Déclinaison du soleil observée.	Correction due à la latitude du soleil	Réduction au solstice.	Obliquité apparente.
D.bre 2	21. 53. 37,1	+ 0,4	1. 34. 12,5	23. 27. 50,0
4	22. 11. 9,0	+ 0,2	1. 16. 43,8	27. 53,0
7	22. 34. 5,7	— 0,2	0. 53. 44,6	27. 50,1
9	22. 47. 7,8	— 0,2	0. 40. 37,3	27. 44,9
10	22. 53. 1,3	— 0,2	0. 34. 43,9	27. 45,0
11	22. 58. 27,3	— 0,2	0. 29. 17,7	27. 44,8
12	23. 3. 26,9	+ 0,1	0. 24. 18,8	27. 45,8
18	23. 23. 40,3	+ 0,8	0. 4. 7,0	27. 48,1
20	23. 26. 37,0	+ 1,0	0. 1. 7,2	27. 45,2
21	23. 27. 24,8	+ 1,0	0. 0. 19,7	27. 45,5
22	23. 27. 41,9	+ 1,1	0. 0. 0,5	27. 42,6
24	23. 26. 57,4	+ 1,0	0. 0. 46,9	27. 45,3
26	23. 24. 17,7	+ 0,8	0. 3. 27,0	27. 45,5
28	23. 19. 44,2	+ 0,6	0. 7. 59,9	27. 44,7
29	23. 16. 44,3	+ 0,4	0. 10. 58,7	27. 43,4
			Moyenne . . .	23. 27. 46,26

Solstice d'été 1816.

1816 Jours.	Déclinaison du soleil observée.	Correction due à la latitude du soleil.	Réduction au solstice. +	Obliquité apparente.
Juin 19	23. 26. 58,5	+ 1,0	0. 56,6	23. 27. 56,1
20	23. 27. 36,0	+ 0,9	0. 16,0	27. 52,9
21	23. 27. 51,2	+ 0,8	0. 0,9	27. 52.0
22	23. 27. 37,4	+ 0,7	0. 9,3	27. 47,4
23	23. 27. 7,2	+ 0,5	0. 43,1	27. 50,8
24	23. 26. 6,1	+ 0,4	1. 41,8	27. 48,3
25	23. 24. 45,2	+ 0,2	3. 5,4	27. 50,8
26	23. 22. 58,8	+ 0,1	4. 53,7	27. 52,6
28	23. 18. 7,5	— 0,1	9. 43,8	27. 51,2
29	23. 15. 3,9	— 0,2	12. 45,8	27. 49,5
30	23. 11. 37,7	— 0,2	16. 12,3	27. 49,8
Juillet 4	22. 53. 51,9	0,0	34. 0,7	27. 52,6
			Moyenne.	23. 27. 51,17

Solstice d'été 1817.

1817 Jours.	Déclinaison du soleil observée.	Correction due à la latitude du soleil.	Réduction au solstice. +	Obliquité apparente.
Juin 6	22. 39. 14,3	+ 0,9	48. 36,7	23. 27. 51,9
7	22. 45. 21,3	+ 0,9	42. 32,0	27. 54,2
9	22. 56. 18,0	+ 0,8	31. 34,4	27. 53,2
10	23. 1. 10,9	+ 0,7	26. 41,7	27. 53,3
12	23. 19. 42,7	+ 0,4	18. 9,3	27. 52,4
13	23. 13. 23,2	+ 0,2	14. 29,7	27. 53,1
28	23. 18. 51,5	+ 0,6	9. 3,0	27. 55,1
29	23. 15. 54,9	+ 0,8	11. 58,9	27. 54,5
30	23. 12. 34,0	+ 0,9	15. 19,2	27. 54,1
Juillet 1	23. 8. 50,3	+ 0,9	19. 3,9	27. 55,1
2	23. 4. 41,1	+ 1,0	23. 12,9	27. 55,0
3	23. 0. 8,5	+ 1,0	27. 46,6	27. 56,1
4	22. 55. 13,1	+ 1,0	32. 43,4	27. 57,5
Moyenne . . .				23. 27. 54,42

CORRECTION.

La longitude du nœud de la Lune pour le 21 juin de l'année 1815 (pag. 356) est de 3^s $4°$ $3'$: par méprise j'ai fait cette même longitude égale à 2^s $17°$ $4'$. De-là il en est résulté — $1'',66$ pour la nutation lunisolaire, tandis que sa véritable valeur est de + $1'',17$, ce qui introduit une correction plus importante pour le signe contraire qui l'affecte que par rapport à la quantité même. D'après cela on trouve pour l'obliquité moyenne $23°$ $27'$ $47'',76$, résultat beaucoup plus concordant avec les quatre autres, et qui doit augmenter sensiblement le *poids* de la valeur de l'obliquité moyenne fournie par l'ensemble des observations.

Effectivement, la solution des cinq équations désignées par (A) dans mon Mémoire donne alors,

$$0 = 23°\ 27'\ 48'',48$$

$$\varepsilon' = +2'',11;\quad \varepsilon'' = -3'',79;\quad \varepsilon''' = +7'',81;\quad \varepsilon^{IV} = -2'',04;$$
$$\varepsilon^V = -8'',34;$$

et par conséquent

$$P = \frac{1940}{153,5} = 12,6.$$

Cette correction m'a été indiquée par le P. *Ingherami*, Astronome distingué de Florence, et je remplis avec plaisir le devoir de lui en attribuer l'honneur. Dans sa lettre du 30 mai 1818, qu'il m'a écrite à ce sujet, il y

OBSERVATIONS ASTRONOMIQUES

a un passage que je crois bien de rapporter ici textuel-
lement, parce qu'il est intéressant pour la science.

„ Noi pure abbiamo un' osservazione del solstizio
„ estivo del medesimo anno 1815, e che ci dà per
„ l'obliquità media ridotta al principio dell' anno cor-
„ rente 23° 27′ 48″,84. Se ella volesse farne caso, ed
„ inserirla in luogo dell' altra fra le quattro sue rima-
„ nenti, avrebbe un complesso di cinque risultati, la
„ cui differenza non giungerebbe che a soli 0′,86 benchè
„ ottenuti in tempi, in luoghi, e con strumenti tanto
„ diversi.

Maintenant, pour convertir ces obliquités apparentes observées en obliquités moyennes, il suffit d'appliquer à chacune d'elles, avec un signe contraire, l'effet dû à la nutation luni-solaire. Ainsi, en faisant

$N =$ longitude du Nœud ascendant de la Lune ;
$S =$ longitude du Soleil,

il faudra ajouter aux obliquités apparentes que nous venons de rapporter la partie calculée d'après la formule

$$- 9'',63 . \cos N - 0'',49 . \cos 2S .$$

Près des solstices la valeur de S est peu différente de un ou de trois angles droits ; cette circonstance jointe à celle de la petitesse du coëfficient qui multiplie $\cos 2S$, permet de supposer toujours $\cos 2S = -1$, ce qui réduit la formule précédente à

$$- 9'',63 . \cos N . + 0'',49 \ldots \ldots (1),$$

Relativement à nos observations, nous avons

1812 Juin 21. $N = 5. 1. 57.$	1812 D.bre 21. $N = 4. 22. 25.$	
1814 $N = 3. 23. 16.$	1813 $N = 4. 3. 3.$	
1815 $N = 2. 17. 4.$	1814 $N = 3. 13. 44.$	
1816 $N = 2. 14. 42.$	1815 $N = 2. 24. 22.$	
1817 $N = 1. 25. 20.$		

Si l'on calcule d'après cela les différentes valeurs que prend la formule (1), on obtiendra les résultats suivans, lesquels donnent l'obliquité moyenne pour le commencement de l'année 1818, en supposant la diminution annuelle de cette obliquité égale à o″,48 , conformément aux dernières recherches de M. *Bessel.* (V. son Mémoire *sur la précession des équinoxes* , qui a remporté le prix de l'Académie de Berlin.)

Solstices d'été.

Année.	Obliquité apparente.	Nutation luni-solaire.	Réduction à l'année 1818.	Obliquité moyenne au commencement de l'année 1818.	Nombre des observations.
1812	23. 27. 41,98	+ 8,99	— 2,65	23. 27. 48,32	174
1814	23. 27. 46,06	+ 4,29	— 1,69	48,66	130
1815	23. 27. 47,80	— 1,66	— 1,21	44,93	132
1816	23. 27. 51,17	— 2,05	— 0,73	48,39	198
1817	23. 27. 54,42	— 4,99	— 0,25	49,18	142
Moyenne . . .				23. 27. 47,89	776

Solstices d'hiver.

Année.	Obliquité apparente.	Nutation luni-solaire.	Réduction à l'année 1818.	Obliquité moyenne au commencement de l'année 1818.	Nombre des observations.
1812	23. 27. 37,58	+ 8,12	— 2,40	23. 27. 43,30	80
1813	23. 27. 40,01	+ 5,74	— 1,92	43,83	304
1814	23. 27. 43,84	+ 2,78	— 1,44	45,18	130
1815	23. 27. 46,26	— 0,45	— 0,96	44,85	262
Moyenne . . .				23. 27. 44,29	776

Mais, pour avoir dans ce cas les valeurs les plus probables, il ne faut pas s'en tenir aux résultats fournis par la moyenne arithmétique ; il est plus avantageux d'appliquer ici le principe des moindres carrés.

A cet effet, nommons O la véritable valeur de l'obliquité moyenne ; et désignons par e', e'', e''', e^{iv}, e^{v} les cinq erreurs dûes à l'observation, existantes dans les cinq résultats donnés par les solstices d'eté : on aura d'après cela les équations suivantes :

$$O - 23.\overset{'}{27}.\overset{''}{48},32 = e'$$
$$O - 23.27.48,66 = e''$$
$$O - 23.27.44,93 = e'''$$
$$O - 23.27.48,39 = e^{iv}$$
$$O - 23.27.49,18 = e^{v}$$

Ces équations étant le milieu d'un nombre différent d'observations, il est nécessaire, conformément aux principes de la méthode des moindres carrés, de les multiplier respectivement par la racine carrée du nombre des observations qui ont concouru à leur formation ; ainsi, en posant, pour plus de simplicité, $\varepsilon' = e'\sqrt{174}$; $\varepsilon'' = e''\sqrt{130}$ ...... $\varepsilon^{v} = e^{v}\sqrt{142}$, il viendra

$$\sqrt{174}.O - 23.27.\overset{''}{48},32.\sqrt{174} = \varepsilon'$$
$$\sqrt{130}.O - 23.27.48,66.\sqrt{130} = \varepsilon''$$
(A) $$\sqrt{132}.O - 23.27.44,93.\sqrt{132} = \varepsilon'''$$
$$\sqrt{198}.O - 23.27.48,39.\sqrt{198} = \varepsilon^{iv}$$
$$\sqrt{142}.O - 23.27.49,18.\sqrt{142} = \varepsilon^{v}.$$

En tirant de-là la valeur de O , à l'aide des formules propres à ce genre d'équations, on obtient

$$O = 23.° \ 27' + \frac{48'',32.174 + 48'',66.130 + 44'',93.132 + 48'',39.198 + 49'',18.142}{776}$$

ou bien.

$$O = 23.° \ 27'. \ 48'',001 \ .$$

Soit P le *poids* de ce résultat, nous avons.

$$P = \frac{5.\times 776}{. S \varepsilon'^2} = \frac{1940}{S \varepsilon'^2} \ .$$

Maintenant, pour avoir la valeur de $S \varepsilon'^2 = \varepsilon''^2 + \varepsilon'''^2 \ldots + \varepsilon^{v^2}$, il faut substituer la valeur de O dans les équations (A), ce qui donne $\varepsilon' = - 4'',22$, $\varepsilon'' = - 9'',26$, $\varepsilon''' = + 35'',27$, $\varepsilon^{IV} = - 8'',79$, $\varepsilon^{v} = - 14'',06$, et par conséquent

$$P = \frac{1940}{1445} \ .$$

Il suit de-là, 1.° que la probabilité d'une erreur u sur la valeur de O est exprimée par $\frac{\sqrt{P} . e^{-Pu^2}}{\pi}$, e étant la base des logarithmes hyperboliques , et π la demi - circonférence qui a l'unité pour rayon ; 2.° que l'erreur moyenne à craindre en plus ou en moins sur $-23.° \ 27'. \ 48'',001$ est égale à $\frac{1}{2\sqrt{\pi . P}}$, quantité au-dessous d'une demi-seconde.

Pour avoir un résultat susceptible d'un plus grand *poids*, il conviendrait de rejeter la troisième des équations (A). En effet on trouverait alors d'une manière semblable

$$O = 23.° \; 27'. \; 48''{,}60 \; ;.$$

$$\varepsilon^{'2} = 13{,}64 \; ; \quad \varepsilon^{''2} = 0{,}47 \; ; \quad \varepsilon^{IV2} = 8{,}73 \; ; \quad \varepsilon^{V2} = 47{,}77 \; ;$$

$$P = \frac{4 \times 644}{2. S\varepsilon'^2} = \frac{1288}{70{,}6} = 18{,}2 \, .$$

Aïnsi, quoique la différence entre cette valeur de O et la précédente ne soit que $0''{,}6$, on doit cependant préférer le dernier résultat à cause de la grande supériorité du *poids* qui lui correspond.

Les observations du solstice d'hiver fournissent le système d'équations,

(A')

$$\sqrt{80} \, . \, O - 23.° \; 27'. \; 43''{,}30 \, . \sqrt{80} = \varepsilon'$$

$$\sqrt{304} . O - 23. \; 27. \; 43{,}83 . \sqrt{304} = \varepsilon''$$

$$\sqrt{130} . O - 23. \; 27. \; 45{,}18 . \sqrt{130} = \varepsilon'''$$

$$\sqrt{262} . O - 23. \; 27. \; 44{,}85 . \sqrt{262} = \varepsilon^{IV}$$

desquelles on tire

$$O = 23.° \; 27'. + \frac{43{,}30 . 80 + 43{,}83 . 304 + 45{,}18 . 130 + 44{,}85 . 262}{776}$$

ou bien $\qquad O = 23.° \; 27'. \; 44''{,}345.$

Cette valeur étant substituée dans les équations (A'), on obtient

$$\varepsilon'^2 = 87{,}36 \; ; \quad \varepsilon''^2 = 80{,}63 \; ; \quad \varepsilon'''^2 = 90{,}64 \; ; \quad \varepsilon^{IV2} = 84{,}12.$$

Partant l'on aura pour le *poids* P du résultat précédent,

$$P = \frac{4 \times 776}{2. S\varepsilon'^2} = \frac{1552}{342{,}7} = 4{,}53 \, .$$

On voit par-là que l'obliquité déduite des observations faites près des solstices d'été est de $4''{,}34$ plus forte

5

que l'obliquité conclue des solstices d'hiver. Nous n'ajou-
terons rien à ce que nous avons déjà avancé au commencement de ce Mémoire, touchant les causes de cette anomalie. Nous finirons cette partie en faisant observer que,
suivant les tables du Soleil, l'obliquité moyenne correspondante au 1.er janvier de l'année 1818 doit être de
23.° 27.′ 47″,61, résultat peu différent de celui que nous
avons obtenu par les solstices d'été.

NOTE

sur la correction thermométrique de la réfraction moyenne.

En faisant le calcul de cette correction, on suppose
tacitement que la température indiquée par le thermomètre est précisément celle qui appartient à la couche d'air
contigüe à l'objectif de la lunette. Mais les recherches
faites, dans ces derniers tems, sur le calorique rayonnant,
établissent d'une manière incontestable qu'un thermomètre,
tel qu'ils sont ordinairement construits, n'indique pas
toujours la température de l'air dans lequel il est plongé :
rigoureusement parlant, il ne peut indiquer cette température que dans la circonstance unique où tous les
corps environnans ont et conservent cette température
commune. Or, ce cas est précisément celui qui doit
rarement avoir lieu pendant les observations faites à la
présence du Soleil dans les observatoires bâtis dans l'intérieur des villes, où le thermomètre se trouve soumis

à l'influence du rayonnement de différentes surfaces iné-
galement échauffées.

Ces causes perturbatrices sont , par rapport à la réfraction , très-peu ou point sensibles pour des distances
du zénith , qui ne surpassent pas 25° , et ne peuvent
par conséquent avoir aucun effet sur les observations du
Soleil faites vers le solstice d'été : mais il en est tout
autrement à l'égard des distances du Soleil au zénith
observées près des solstices d'hiver. A cette époque la
réfraction moyenne s'élève à 135" environ , et le produit
de ce nombre par le coëfficiént qui dépend de la température , donne à-peu-près une demi-seconde pour chaque degré du thermomètre de Reaumur. Or , en vertu
de la cause dont il est ici question , il est démontré
par l'expérience que la température marquée sur le thermomètre peut être en excès de plusieurs degrès sur celle
de l'air , et alors en employant la température ainsi observée dans le calcul de la correction thermométrique ,
il doit en résulter une réfraction plus petite que la véritable. On voit par-là que l'indication trompeuse du thermomètre doit , en général , concourir à augmenter et à
varier la différence entre l'obliquité estive et hiémale.

Heureusement , il y a un moyen assez simple pour
soustraire les observations astronomiques à cette cause
d'erreur : il suffit , pour cela , de suivre le procédé que
M. *Fourrier* vient d'exposer dans un intéressant Mémoire
sur *le calorique rayonnant* , imprimé dans les *Annales de*

physique et de chimie (*novembre* 1817). Là il est dit
que, pour avoir la température de l'air, il faut d'abord
se procurer deux thermomètres comparables, et noircir
ensuite la boule de l'un avec du noir de fumée, et cou-
vrir la boule de l'autre avec une feuille d'argent. L'Astronome, muni de ces deux instrumens, doit marquer dans
ses observations les températures différentes qu'ils indi-
quent, aussitôt qu'ils sont parvenus à un état station-
naire. De-là on conclura la température même de l'air
en prenant celle du thermomètre couvert d'une feuille
métallique, plus ou moins la différence des températures
des deux thermomètres divisée par un nombre constant :
cette différence sera soustractive, si le thermomètre noirci
est le plus élevé ; elle sera additive dans le cas contraire.
A l'égard du diviseur constant, M. *Fourrier* observe
qu'il dépend, en général, de la position du thermomètre par rapport aux corps rayonnans ; mais qu'en
choisissant par exemples les observations les plus connues, ce diviseur diffère peu de 4.

D'après les expériences de M. *Leslie* sur le *pouvoir
rayonnant des différentes substances*, si l'on représente
par 100 le pouvoir rayonnant du noir de fumée, celui
du verre sera exprimé par 90. Ainsi, un troisième thermomètre, dont la boule de verre serait entièrement découverte, marquerait une température peu différente de
celle indiquée par un thermomètre noirci. Et c'est à
cause de cela que nous avons avancé plus haut, que

l'on emploie, en général, une température plus forte de
la véritable dans le calcul de la réfraction qui doit être
appliquée aux observations faites à la présence du Soleil.

Peut-être c'est à cela qu'il faut attribuer la diversité
des résultats que plusieurs Astronomes ont obtenus en
observant la latitude d'un même point de la Terre par
les hauteurs méridiennes du Soleil, et par les hauteurs méridiennes des étoiles circum-polaires. On peut
aussi présumer que, sans cette cause variable d'erreur, on remarquerait un plus grand accord sur la
quantité de la différence des deux obliquités, observée par divers Astronomes. Après avoir ainsi ramené
cette anomalie à un terme à-peu-près constant, les
causes constantes qui peuvent la produire, et entr'autres
l'ingénieuse hypothèse de la non parfaite coïncidence
du centre de figure et du centre de gravité du Soleil,
publiée dernièrement par M. *Gauss*, acquerroient un
plus grand poids, et mériteraient une discussion appro-
fondie, propre à faire voir la part qu'elles ont sur l'ensemble des phénomènes qui en dépendent.

Avant de vouloir suivre les conséquences qui résultent
de ce degré de perfectionnement donné à la correction
thermométrique, il est prudent d'attendre que des observations nombreuses en aient mesuré l'influence sur le
calcul des réfractions astronomiques. Il nous suffit, pour
le moment, d'avoir fait sentir l'avantage que l'Astronomie
peut tirer de cette découverte de la Physique.

OCCULTATIONS D'ÉTOILES

DERRIÈRE LA LUNE,

Observées à l'Observatoire de l'Académie Royale , avec une lunette achromatique de Dollond de $1^m,13$ *de foyer et* $0^m,1$ *d'ouverture.*

Afin que l'on puisse trouver aisément la position de l'étoile occultée , nous ajoutons à son nom l'ascension droite en tems prise dans le nouveau catalogue de M. Piazzi.

1812. Octobre 21. Soir.

5. f du Taureau. A.D. $= 3.^h 20.$

Instant de l'immersion , observée par le
bord éclairé , en tems de la pendule . . $9^h 11. 5,0$
Avancement de la pendule sur le tems
sidéral . . . . $— 2. 25,5$

Tems sidéral de l'immersion . . . . . . $0. 8. 39,5$
Je n'ai pas pu observer l'émersion.

1812. Octobre 22. Soir.

θ¹ du Taureau. A.D. $= 4.^h 17.$

Instant de l'immersion , observée par le
bord éclairé , en tems de la pendule . . $22^h 49. 40,0$
Avancement de la pendule sur le tems
sidéral . . . . $— 2. 29,5$

Tems sidéral de l'immersion . . . . . . $22. 47. 10,5$
Je n'ai pas pu observer l'émersion.

1812. *Octobre* 22. *Minuit.*

α du Taureau. A. D. $= 4.^h 24.'$

Instant de l'immersion, obsérvée par le bord éclairé, en tems de la pendule ..	2^h 11.$'$ 59$''$,0
Avancement de la pendule sur le tems sidéral . . . . —	2. 30, 1
Tems sidéral de l'immersion	2. 9. 28, 9

Un nuage m'a empêché d'observer l'émersion.

1813. *Mars* 6. *Soir.*

μ Baleine. A. D. $= 2.^h 34.'$

Instant de l'immersion, observée par le bord obscur, en tems de la pendule ..	8^h 26.$'$ 35$''$,0
Avancement de la pendule sur le tems sidéral . . . . —	2. 59, 5
Tems sidéral de l'immersion	8. 23. 35, 5

Le ciel était très-beau : on peut compter sur l'exactitude de cette observation. La Lune s'est couchée quelques minutes avant l'instant de l'émersion.

OBSERVATIONS ASTRONOMIQUES.

1813. *Mars* 8. *Soir.*

α *du Taureau.* A. D. $= 4.^h 24.^!$

Instant de l'immersion, observée par le
bord obscur, en tems de la pendule ... $6^h \quad 9.^! \quad 24^{''},0$
Avancement de la pendule sur le tems
sidéral . . . . — $\quad 3. \quad 3,3$

Tems sidéral de l'immersion. . . . . $6. \quad 6 . 20,7$

Instant de l'émersion en tems de la pendule. $7. \quad 20. \quad 44,5$
Avancement de la pendule sur le tems
sidéral . . . . — $\quad 3. \quad 3,5$

Tems sidéral de l'émersion . . . . $7. \quad 17. \quad 41,0$
Ciel serein. Bonne observation.

1813. *Avril* 17. *Soir.*

γ *Balance.* A. D. $= 15^h 24.^{!}$

Instant de l'immersion, observée par le
bord éclairé, en tems de la pendule .. $12^h 44.^! 32^{''},5$
Avancement de la pendule sur le tems
sidéral . . . . — $\quad 5. \quad 7,9$

Tems sidéral de l'immersion . . . . $12. \quad 39. \quad 24,6$

Instant de l'émersion, par le bord obscur,
en tems de la pendule . . . .   14.ʰ 4.′ 3″,0
Avancement de la pendule sur le tems
sidéral . . . . —   5. 8,0

Tems sidéral de l'émersion 13. 58. 55,0
    L'instant de l'immersion a été bien
marqué, mais celui de l'émersion est
douteux.

1813. Novembre 7: Après minuit.

μ Baleine. A. D. = 2ʰ 34.′

Instant de l'immersion (pleine-lune) en
  tems de la pendule . . . .   4ʰ 19.′ 43″,0
Avancement de la pendule sur le tems
  sidéral . . . . —   16. 23,5

Tems sidéral de l'immersion 4. 3. 19,5

1813. Décembre 28: Soir.

ψ Verseau. A. D. = 23ʰ 5.′

Instant de l'immersion, observée par le
  bord obscur, en tems de la pendule . .   2ʰ 54.′ 14″,0
Avancement de la pendule sur le tems
  sidéral . . . . —   18. 54,1

Tems sidéral de l'immersion 2. 35. 19,9

6

Instant de l'émersion, par le bord éclairé,
en tems de la pendule . . . . 4^h 1.$'$ 10$''$,0
Avancement de la pendule sur le tems
sidéral . . . . —   18. 54,3

Tems sidéral de l'émersion 3. 42. 15,7
     L'instant de l'immersion a été bien
marqué; mais celui de l'émersion peut
être douteux de 3$''$ environ.

1814. 1.er Janvier. Soir.

μ Baleine. A. D. = 2^h 34$'$.

Instant de l'immersion, observée par le
bord obscur, en tems de la pendule . . 4^h 57.$'$ 44$''$,5
Avancement de la pendule sur le tems
sidéral . . . . —   19. 7,5

Tems sidéral de l'immersion 4. 38. 37,0
     Ciel serein : observation exacte.

1814. Novembre 25. Soir.

μ Baleine. A. D. = 2^h 34$'$.

Instant de l'immersion, observée par le
bord obscur, en tems de la pendule . 21^h 13.$'$ 18$''$,0
Retard de la pendule sur le tems sidéral +   26,4

Tems sidéral de l'immersion 21. 13. 44,4
     On peut compter sur l'exactitude de
cette observation.

1815. *Mars* 19. *Soir.*

𝛿 *Gémeaux.* A. D. $= 7^h 8.'$

Instant de l'immersion, observée par le
  bord obscur, en tems de la pendule .. 11^h 31.' 14",5
Avancement de la pendule sur le tems
  sidéral . . . . —   25 ,5

Tems sidéral de l'immersion . . . . 11. 30. 49 ,0

Instant de l'émersion, par le bord éclairé,
  en tems de la pendule . . . . 12. 16. 10 ,0
Avancement sur le tems sidéral . . . . —   25 ,5

Tems sidéral de l'émersion . . . . 12. 15. 44 ,5
  L'instant de l'immersion a été bien
  marqué ; mais il peut y avoir une seconde ou deux d'incertitude sur celui
  de l'émersion.

1816. *Février* 19. *Après minuit.*

𝛽 *Scorpion.* A. D. $= 15^h 47.'$

Instant de l'immersion, observée par le
  bord éclairé, en tems de la pendule .. 8^h 47.' 10",0
Retard de la pendule sur le tems sidéral + 4. 29. 13 ,4

Tems sidéral de l'immersion , ... 13. 16. 23 ,4

Instant de l'émersion, par le bord obscur,
en tems de la pendule . . . . 9^h 48.' 48",0
Retard de la pendule sur le tems sidéral + 4. 29. 13,4

Tems sidéral de l'émersion 14. 18. 1,4
  L'instant de l'immersion a été bien
marqué ; celui de l'émersion est un peu
douteux.

1816. Octobre 4. Soir.

30 Poissons. A. D. = 23^h 52.'

Instant de l'immersion (pleine-lune) en
tems de la pendule . . . . 23^h 32.' 15",5
Avancement de la pendule sur le tems
sidéral . . . . — 23. 25,8

Tems sidéral de l'immersion 23. 8. 49,7
  L'émersion n'a pas été observée, faute
d'avoir bien fixé le point du disque où
elle avait lieu. On peut compter sur
l'exactitude du tems de l'immersion.

1816. Novembre 12. Après minuit.

η Lion. A. D. = 9^h 56.'

Instant de l'immersion , observée par le
bord éclairé , en tems de la pendule . . 6^h 10.' 44',0
Avancement de la pendule sur le tems
sidéral . . . . — 23. 36,9

Tems sidéral de l'immersion 5. 47. 7,1

Instant de l'émersion, par le bord obscur,
en tems de la pendule . . . . 7^h 20.' 20",0
Avancement de la pendule sur le tems
sidéral . . . . — 23. 36,9

Tems sidéral de l'émersion 6. 56. 43,1
  L'instant de l'émersion a été très-bien
  marqué ; il peut y avoir un petit doute
  sur l'instant de l'immersion à cause que
  la lumière de la Lune affaiblissait trop
  celle de l'étoile.

1817. *Février* 2. *Soir.*

η Lion. A. D. $=$ 9^h 56.'

Instant de l'immersion, par le bord éclairé,
en tems de la pendule . . . . $7.^h$ 44.' 39",5
Avancement de la pendule sur le tems
sidéral . . . . — 23. 19,1

Tems sidéral de l'immersion 7. 21. 20,4
  Je n'ai pas observé l'émersion.

1817. *Février* 8. *Après minuit.*

x Balance. A. D. $=$ 15^h 30.'

Instant de l'immersion, par le bord éclairé,
en tems de la pendule. . . . . 14^h 10.' 20",0
Avancement sur le tems sidéral . . . . . — 23. 18,1

Tems sidéral de l'immersion 13. 47. 1,9

Instant de l'émersion, par le bord obscur,
en tems de la pendule . . . . 15^h $22.'$ $4'',5$
Avancement de la pendule sur le tems
sidéral . . . . — $23.$ $18,1$

Tems sidéral de l'émersion . . . . $14.$ $58.$ $46,4$

1817. *Mars* 29. *Soir.*
η *Lion.* A. D. $=$ 9^h $56.'$

Instant de l'immersion, par le bord obscur,
en tems de la pendule . . . . 8^h $13.'$ $22'',5$
Avancement de la pendule sur le tems
sidéral . . . . — $23.$ $19,2$

Tems sidéral de l'immersion . . . . $7.$ $50.$ $3,3$

Instant de l'émersion, par le bord éclairé,
en tems de la pendule . . . . $9.$ $25.$ $40,0$
Avancement de la pendule sur le tems
sidéral . . . . — $23.$ $19,2$

Tems sidéral de l'émersion . . . . $9.$ $2.$ $20,8$
    L'instant de l'immersion a été très-
bien marqué; sur le tems de l'émersion
il peut y avoir une seconde d'incertitude.

En réunissant ces observations, et exprimant en tems
moyen les instans des phénomènes observés, on formera
le tableau suivant, qui a l'avantage de fournir dans
un cadre étroit le résultat utile de ces observations.

Année.	Jour.	Nom de l'étoile occultée.	Heure du phénomène en tems moyen.
1812	21 octobre ..	5 f du Taureau	h 10.. 7. 58,8 imm.
	22 octobre ..	θ^2 du Taureau	8. 42. 47,2 imm.
	22 octobre ..	α du Taureau .	12. 4. 32,5 imm.
1813	6 mars ...	μ Baleine. ...	9. 26. 50,0 imm.
	8 mars	α du Taureau .	7. 2. 5,8 imm.
			8. 13. 14,5 ém.
	17 avril....	γ Balance ...	10. 56. 49,2 imm.
			12. 16. 6,6 ém.
	7 novembre	μ Baleine....	12. 56. 7,2 imm.
	28 décembre	ψ' Verseau ...	8. 7. 50,6 imm.
			9. 14. 35,3 ém.
1814	1 janvier ..	μ Baleine....	9. 51. 15,9 imm.
	25 novembre	μ Baleine....	4. 57. 50,3 imm.
1815	19 mars....	δ Gémeaux...	11. 44. 20,7 imm.
			12. 29. 8,8 ém.
1816	19 février ..	β Scorpion...	15. 20. 40,4 imm.
			16. 22. 8,3 ém.
	4 octobre ..	30 Poissons....	10. 15. 2,4 imm.
	12 novembre	n Lion	14. 18. 54,1 imm.
			15. 28. 18,7 ém.
1817	2 février ..	n Lion	10. 30. 27,1 imm.
	8 février ..	$\varkappa$ Balance....	16. 16. 56,1 imm.
			17. 28. 28,9 ém.
	29 mars....	n Lion	7. 22. 49,9 imm.
			8. 34. 55,5 ém.

Pour mettre les Astronomes en état de juger de la
bonté de la pendule à compensation qui nous a servi
dans le cours de nos observations, nous rapportons ici
sa marche pour quelques mois des années 1814 et 1815,
déterminée par les passages du Soleil au méridien à la
lunette méridienne.

Marche de la pendule de l'Observatoire Royal, construite
à Paris par M. Martin élève de Berthoud.

1814 Jours du mois.	Midi vrai à la pendule.	Avancement sur le tems sidéral.	Variation diurne.
Janvier 7	19. 31. 32,6	19. 25,2	3,4
10	19. 44. 48,1	19. 35,3	3,3
11	19. 49. 12,3	19. 38,7	3,4
17	20. 15. 23,2	19. 58,0	3,2
27	20. 58. 1,3	20. 27,6	3,0
30	21. 10. 32,9	20. 36,4	2,96
Février 1	21. 18. 49,7	20. 42,3	2,95
2	21. 22. 56,8	20. 45,2	2,9
3	21. 27. 2,9	20. 48,0	2,8
4	21. 31. 8,3	20. 50,8	2,8
5	21. 35. 12,7	20. 53,5	2,7
6	21. 39. 16,3	20. 56,3	2,8
7	21. 43. 19,0	20. 58,9	2,6
8	21. 47. 19,9	21. 0,5	2,7
9	21. 51. 21,7	21. 3,8	3,3

1814 Jours du mois.	Midi vrai à la pendule.	Avancement sur le tems sidéral.	Variation diurne.
	h		
Février 10	21. 55. 22,2	21. 6,6	2,8
11	21. 59. 22,5	21. 9,9	3,3
12	22. 3. 21,7	21. 12,9	3,0
15	22. 15. 14,7	21. 22,8	3,3
16	22. 19. 11,4	21. 25,2	2,4
17	22. 23. 7,1	21. 28,3	3,1
19	22. 30. 55,9	21. 34,2	2,95
20	22. 34. 49,5	21. 37,3	3,1
21	22. 38. 42,5	21. 40,5	3,2
22	22. 42. 35,0	21. 43,8	3,3
24	22. 50. 17,5	21. 49,9	3,05
25	22. 54. 7,7	21. 52,9	3,0
26	22. 57. 57,1	21. 55,6	2,7
27	23. 1. 45,7	21. 58,2	2,6
28	23. 5. 34,2	22. 1,2	3,0
Mars 6	23. 28. 15,3	22. 20,4	3,2
7	23. 32. 0,8	22. 23,9	3,5
17	0. 9. 14,9	22. 55,9	3,2
18	0. 12. 56,8	22. 58,9	3,0
19	0. 16. 38,4	23. 1,8	2,9
20	0. 20. 20,2	23. 5,1	3,3
23	0. 31. 25,9	23. 16,0	3,4
27	0. 46. 11,7	23. 29,8	3,4
31	1. 0. 57,4	23. 43,8	3,5

7

1814 Jours du mois.		Midi vrai à la pendule.	Avancement sur le tems sidéral.	Variation diurne.
Avril	1	h 1. 4. 38,8	23. 47,2	3,4
	6	1. 23. 7,9	24. 4,3	3,4
	7	1. 26. 49,9	24. 7,5	3,2
	9	1. 34. 15,7	24. 14,8	3,6
	11	1. 41. 42,5	24. 21,7	3,4
	12	1. 45. 25,7	24. 25,0	3,3
	13	1. 49. 9,5	24. 28,3	3,3
	16	2. 0. 24,0	24. 39,1	3,6
	23	2. 26. 48,3	25. 1,2	3,1
	26	2. 38. 15,4	25. 12,2	3,6
	28	2. 45. 55,3	25. 19,1	3,4
1815				
Avril	1	0. 40. 28,8	0. 31,0	0,8
	2	0. 44. 7,3	0. 31,3	0,3
	3	0. 47. 45,7	0. 31,4	0,1
	4	0. 51. 24,9	0. 32,1	0,7
	9	1. 9. 42,3	0. 34,3	0,4
	12	1. 20. 44,2	0. 36,2	0,6
	19	1. 46. 37,1	0. 38,7	0,4
	24	2. 5. 18,5	0. 41,3	0,5
	30	2. 27. 58,7	0. 43,5	0,4
Mai	1	2. 31. 47,6	0. 44,2	0,7
	4	2. 43. 16,6	0. 45,2	0,3
	6	2. 50. 59,3	0. 41,4	0,6

1815 Jours du mois.	Midi vrai à la pendule.	Avancement sur le tems sidéral.	Variation diurne.
	h.		
Mai 8	2. 58. 43,2	0. 46,5	0,1
11	3. 10. 25,2	0. 48,5	0,7
12	3. 14. 19,9	0. 48,7	0,2
14	3. 22. 11,8	0. 49,9	0,6
17	3. 34. 4,0	0. 52,0	0,7
18	3. 38. 2,2	0. 52,4	0,4
20	3. 46. 0,1	0. 53,1	0,3
24	4. 2. 4,3	0. 56,4	0,8
26	4. 10. 8,7	0. 57,2	0,4
27	4. 14. 11,7	0. 57,7	0,5
29	4. 22. 19,6	0. 58,9	0,6
Juin 4	4. 46. 52,0	1. 1,8	0,5
11	5. 15. 52,3	1. 7,5	0,8
18	5. 45. 0,6	1. 12,5	0,7
21	5. 57. 31,4	1. 15,0	0,8
24	6. 10. 2,4	1. 17,7	0,9
27	6. 22. 33,1	1. 20,7	1,0

OPPOSITION DE JUPITER

DE L'ANNÉE 1814.

———

L'étoile ς du Lion est celle qui par sa proximité à la planète nous a paru convenablement placée pour déterminer cette opposition. J'ai en conséquence observé à la lunette méridienne les passages de cette étoile, et du centre de Jupiter, ce qui m'a fourni les données suivantes.

FÉVRIER

Jours du mois.	Noms des Astres.	I.	II.	Fil méridien. III.	IV.	V.	Passages au méridien.
10	ε Lion	43. 10,7	43. 40,0	10. 44. 9,2	44. 38,0	45. 7,0	10. 44. 9,0
	♃ centre	56. 44,3	57. 13,2	10. 57. 42,3	58. 11,0	58. 40,0	10. 57. 42,1
15	ε Lion	43. 26,5	43. 55,4	10. 44. 24,5	44. 54,0	45. 22,5	10. 44. 24,6
	♃ centre	54. 38,3	55. 7,2	10. 55. 36,3	56. 5,5	56. 34,3	10. 55. 36,3
19	ε Lion	43. 38,5	44. 7,4	10. 44. 36,5	45. 5,5	45. 34,4	10. 44. 36,5
	♃ centre	....	....	10. 53. 52,3	54. 21,5	54. 50,3	10. 53. 52,3
21	ε Lion	43. 44,8	44. 13,7	10. 44. 43,0	45. 11,7	45. 40,5	10. 44. 42,7
	♃ centre	52. 1,3	52. 30,1	10. 52. 59,2	53. 28,5	53. 57,2	10. 52. 59,2
23	ε Lion	43. 51,8	44. 20,5	10. 44. 49,6	45. 18,7	45. 47,4	10. 44. 49,6
	♃ centre	51. 9,0	51. 37,7	10. 52. 7,2	52. 36,2	53. 5,3	10. 52. 7,1
24	ε Lion	43. 54,3	44. 23,4	10. 44. 52,5	45. 21,5	45. 50,2	10. 44. 52,4
	♃ centre	50. 42,4	51. 11,3	10. 51. 40,2	52. 9,5	52. 38,4	10. 51. 40,4
25	ε Lion	42. 56,7	44. 25,5	10. 44. 54,5	45. 24,0	45. 52,4	10. 44. 54,6
	♃ centre	50. 15,0	50. 44,2	10. 51. 13,3	51. 42,5	52. 11,2	10. 51. 13,2
28	ε Lion	44. 5,0	44. 34,6	10. 45. 3,0	45. 32,3	46. 1,0	10. 45. 3,0
	♃ centre	48. 54,2	49. 23,4	10. 49. 52,5	50. 22,0	50. 50,6	10. 49. 52,5

L'accélération de la pendule sur le tems sidéral était, comme l'on voit, trop peu considérable pour qu'il soit nécessaire d'y avoir égard dans le petit nombre de minutes qui séparent les instans du passage au méridien de l'étoile et de la planète : ainsi il suffira d'ajouter chaque jour la différence observée de ces instans à l'ascension droite apparente de l'étoile pour avoir l'ascension droite apparente de Jupiter.

Suivant la nouvelle édition du catalogue du célèbre Professeur Piazzi, on a, pour le commencement de l'année 1800,

A. D. moyenne de ℓ du Lion = 155.° 34.′ 0″,9

Précession annuelle en A. D. = 0. 0. 47,55

Mouvement propre annuel . . = — 0,14 ;

donc pour le 10 février de l'année 1814 l'ascension droite moyenne de ℓ du Lion est de 155° 45.′ 9″,8.

La nutation en ascension droite de cette étoile correspondante à cette époque est de — 15″,4 ; et il est évident qu'on peut la supposer constante pendant tout le tems de ces observations, vu la lenteur du mouvement du nœud de la Lune. Il n'en est pas ainsi à l'égard de l'aberration ; car on la trouve de

+ 18″,4 pour le 10 février ;

+ 18 ,9 pour le 20 février ;

+ 19 ,8 pour le 28 février ;

Avec cela il sera facile d'obtenir les ascensions droites de Jupiter ; mais avant de les rapporter, voici ses distances méridiennes du zénith observées avec le même cercle répétiteur qui nous a servi pour les observations solsticiales du Soleil.

Distances méridiennes du centre de Jupiter au zénith.

1814 Jours du mois	Arc parcouru.	Somme des parties du niveau. N. S.		Correction du niveau.	Nombre des observ.	Distance moyenne du zénith observée.	Baromètre.	Thermom. centigrade	+ Réfract.	Parallaxe	Réduction au méridien.	Variation de la déclinais.	Distance vraie du centre de Jupiter au zénith.
Fév. 10	776,8925	2423	2240	+ 0,0141	20	34. 57. 39,0	0,7457	+ 1,5	41,5	1,1	6.33,5	+ 1,1	34. 51. 47,0
15	230,9962	738	712	+ 0,0020	6	34. 38. 47,1	0,7362	— 3,1	41,2	1,1	2.29,1	— 0,3	34. 36. 57,8
19	767,8337	2418	2230	+ 0,0146	20	34. 33. 11,4	0,7386	— 0,8	41,0	1,1	8.49,6	+ 1,4	34. 25. 3,1
21	766,7906	2401	2405	— 0,0003	20	34. 30. 20,0	0,7463	— 2,0	41,2	1,1	11.56,9	+ 1,8	34. 19. 5,0
23	762,6568	2483	2443	+ 0,0040	20	34. 19. 11,1	0,7410	— 5,5	41,5	1,1	6.39,8	— 0,1	34. 13. 11,6
24	761,0312	2363	2390	— 0,0022	20	34. 14. 46,7	0,7409	— 3,0	40,8	1,1	5.15,5	+ 0,2	34. 10. 11,1
25	759,7275	2423	2337	+ 0,0067	20	34. 11. 16,9	0,7411	— 2,2	40,6	1,1	4.42,1	+ 0,2	34. 7. 15,6
28	755,2408	2576	2205	+ 0,0172	20	34. 4. 49,6	0,7363	— 1,0	40,1	1,1	6.47,9	+ 0,9	33. 58. 32,5

En retranchant ces distances du zénith de $45° 4' 0'',2$, on aura les déclinaisons correspondantes de Jupiter : ainsi en réunissant le résultat de ces observations avec celui des précédentes, on obtiendra les positions suivantes de la planète.

1814 Jours du mois.	Tems moyen.	A. D. observée de Jupiter.	Déclinaison boréale observée de Jupiter.
	h	o	o
Février 10	13. 14. 45,9	159. 8. 29,3	10. 12. 13,2
15	12. 52. 44,6	158. 33. 8,5	10. 27. 2,4
19	12. 35. 6,1	158. 4. 10,2	10. 38. 57,1
21	12. 26. 14,9	157. 49. 20,8	10. 44. 55,2
23	12. 17. 24,7	157. 34. 35,8	10. 50. 48,6
24	12. 12. 58,4	157. 27. 13,3	10. 53. 49,1
25	11. 58. 35,1	157. 19. 52,2	10. 56. 44,6
28	11. 55. 16,9	156. 57. 35,7	11. 5. 27,7

De-là, et de l'obliquité apparente de l'écliptique, qui à cette époque était de $23.° 27.' 45.''$, il est facile de conclure les longitudes, et les latitudes géocentriques correspondantes de Jupiter. Mais, après avoir ainsi calculé les longitudes, il faudra d'abord, pour qu'elles soient comptées de l'équinoxe moyen, ajouter à chacune d'elles 14″,6 produites par la nutation luni-solaire ; ensuite on en retranchera 11″,4 pour tenir compte de l'aberration de la lumière, ce qui revient à ajouter 3″,2 à toutes les longitudes. Voici maintenant les résultats de ce calcul.

1814 Jours du mois.	Longitude géocentrique observée de Jupiter.	Latitude géocentrique boréale observée de Jupiter.
Février 10	156. 54. 55″	1. 19. 0,0
15	156. 17. 7	1. 19. 50,5
19	155. 46. 14	1. 20. 22,0
21	155. 30. 30	1. 20. 32,2
23	155. 14. 51	1. 20. 40,5
24	155. 7. 2	1. 20. 48,5
25	154. 59. 13	1. 20. 52,7
28	154. 35. 41	1. 20. 58,3

Ces lieux observés de la planète étant comparés avec ceux calculés à l'aide des tables de M. *Bouvard*, feront connaître l'erreur moyenne qui affecte ces tables à l'époque de cette opposition. Après cela il sera facile de

8

fixer le tems moyen de l'opposition, ainsi que la longitude et la latitude de Jupiter qui lui correspond.

Je ne puis m'occuper de ce calcul dans le moment; mais j'aurais soin de l'exécuter, et de le publier avec d'autres observations.

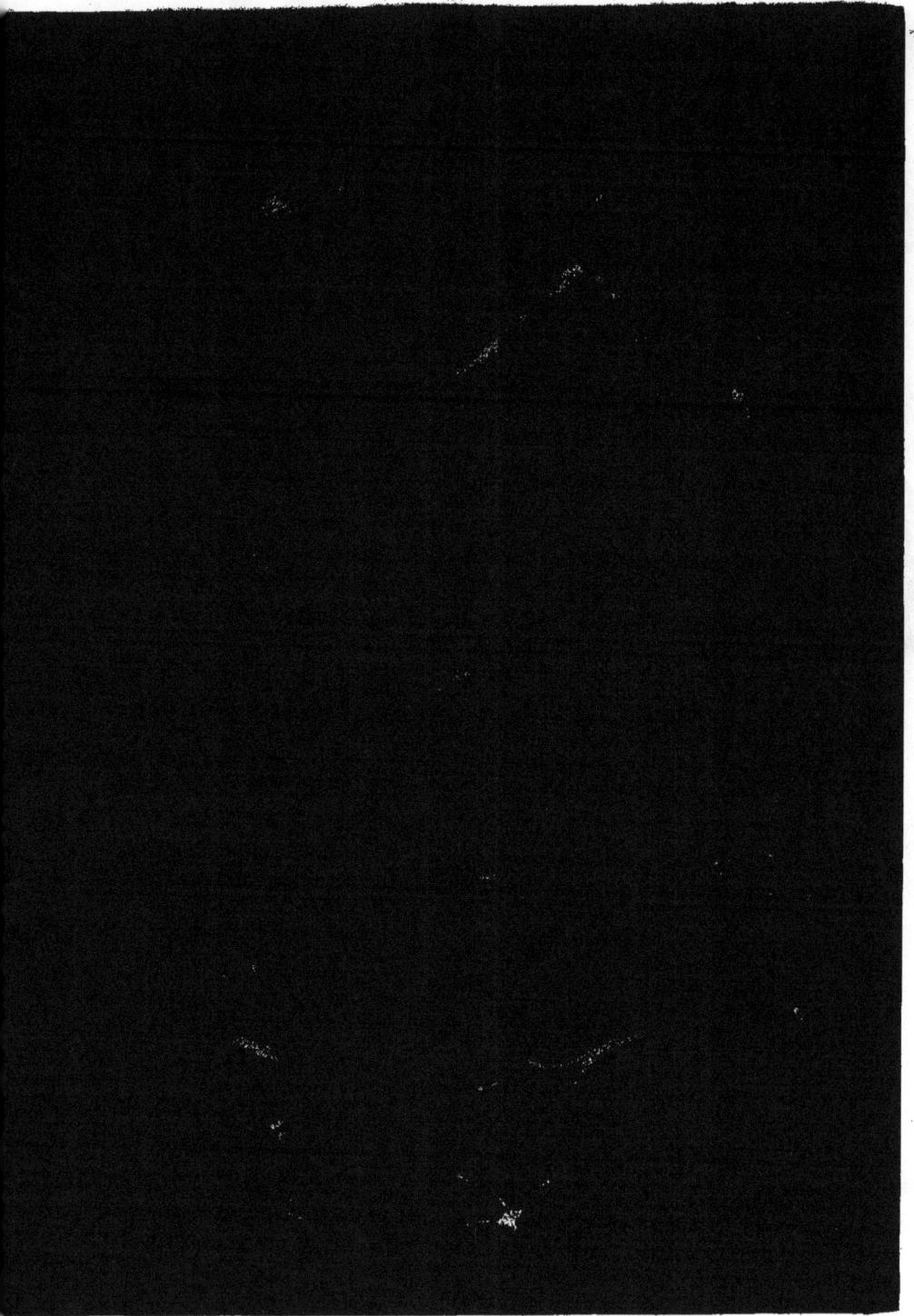

www.ingramcontent.com/pod-product-compliance
Lightning Source LLC
Chambersburg PA
CBHW070816210326
41520CB00011B/1980